수학과 교육과정에서 초등학교 수학 내용은 '수와 연산', '도형', '측정', '규칙성', '자료와 가능성'의 5개 영역으로 구성되는데, 우리가 이 교재에서 다룰 영역은 '자료와 가능성'입니다. 이 영역은 원래 '확률과 통계'에서 초등 과정에서 다루는 기초 개념에 초점을 맞추어 '자료와 가능성'으로 영역명이 변경되었습니다.

'똑같은 물건인데 나란히 붙어 있는 두 가게 중 한 집에선 1000원에 팔고 다른 한 집에선 800원에 팔 때 어디에서 사는 게 좋을까?'의 문제처럼 예측되는 결과가 명확한 경우에는 전혀 필요 없지만, 요즘과 같은 정보의 홍수 속에 필요한 정보를 선택하거나 그 정보를 토대로 책임있는 판단을 해야할 때 그 판단의 근거가 될 가능성에 대하여 생각하지 않을 수가 없습니다.

즉, 자료와 가능성은 우리가 어떤 불확실한 상황에서 합리적 판단을 할 수 있는 매우 유용한 근거가 됩니다.

따라서 이 '자료와 가능성' 영역을 통해 초등 과정에서는 실생활에서 통계가 활용되는 상황을 알아보고, 목적에 따라 자료를 수집하고, 수집된 자료를 분류하고 정리하여 표로 나타내고, 그 자료의 특성을 잘 나타내는 그래프로 표현하고 해석하는 일련의 과정을 경험하게 하는 것이 매우 중요합니다. 또한 비율이나 평균 등에 의해 집단의 특성을 수로 표현하고, 이것을 해석하며 이용할 수 있는 지식과 능력을 기르도록 하는 것이 필요합니다.

이 책의 특징

1
일상생활에서 앞으로 접하게 될 수많은 통계적 해석에 대비하여 올바른 자료의 분류 및 정리 방법(표와 각종 그래프)을 집중 연습할 수 있습니다.

우리는 생활 주변에서 텔레비전이나 신문, 인터넷 자료를 볼 때마다 다양한 통계 정보를 접하게 됩니다. 이런 통계 정보는 다음과 같은 통계의 과정을 거쳐서 주어집니다.

초등수학에서는 위의 '분류 및 정리'와 '해석' 단계에서 가장 많이 접하게 되는 표와 여러 가지 그래프 중심으로 통계 영역을 다루게 되는데 목적에 따라 각각의 특성에 맞는 정리 방법이 필요합니다. 가령 양의 크기를 비교할 때는 그림그래프나 막대그래프, 양의 변화를 나타낼 때는 꺾은선그래프, 전체에 대한 각 부분의 비율을 나타낼 때는 띠그래프나 원그래프로 나타내는 것이 해석하고 판단하기에 유용합니다.
이렇게 목적에 맞게 자료를 정리하는 것이 하루아침에 되는 것은 아니지요.
기탄영역별수학-자료와 가능성편으로 다양한 상황에 맞게 수많은 자료를 분류하고 정리해 보는 연습을 통해 내가 막연하게 알고 있던 통계적 개념들을 온전하게 나의 것으로 만들 수 있습니다.

2
일상생활에서 앞으로 일어날 수많은 선택의 상황에서 합리적 판단을 할 수 있는 근거가 되어 줄 가능성(확률)에 대한 이해의 폭이 넓어집니다.

확률(사건이 일어날 가능성)은 일기예보로 내일의 강수확률을 확인하고 우산을 챙기는 등 우연한 현상의 결과인 여러 가지 사건이 일어날 것으로 기대되는 정도를 수량화한 것을 말합니다. 확률의 중요하고 기본적인 기능은 이러한 유용성에 있습니다.

결과가 불확실한 상태에서 '어떤 선택이 좀 더 나에게 유용하고 합리적인 선택일까?' 또는 '잘못된 선택이 될 가능성이 가장 적은 것이 어떤 선택일까?'를 판단할 중요한 근거가 필요한데 그 근거가 되어줄 사고가 바로 확률(가능성)을 따져보는 일입니다.
기탄영역별수학-자료와 가능성편을 통해 합리적 판단의 확률적 근거를 세워가는 중요한 토대를 튼튼하게 다져 보세요.

이 책의 구성

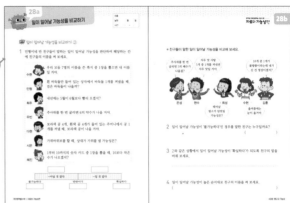

본학습

제목을 통해 이번 차시에서 학습해야 할
내용이 무엇인지 짚어 보고, 그것을 익히기
위한 최적화된 연습문제를 반복해서
집중적으로 풀어 볼 수 있습니다.

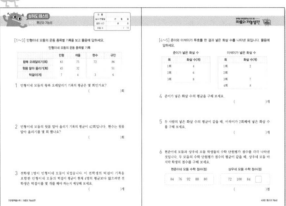

성취도 테스트

성취도 테스트는 본문에서 집중 연습한 내용을 최종적으로 한번 더 확인해 보는 문제들로 구성되어 있습니다.
성취도 테스트를 풀어 본 후, 결과표에 내가 맞은 문제인지 틀린 문제인지 체크를 해가며 각각의 문항을 통해
성취해야 할 학습목표와 학습내용을 짚어 보고, 성취된 부분과 부족한 부분이 무엇인지 확인합니다.

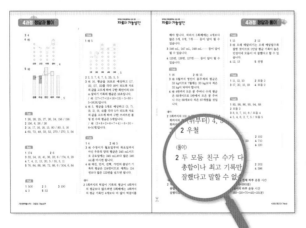

정답과 풀이

차시별 정답 확인 후 제시된 풀이를 통해
올바른 문제 풀이 방법을 확인합니다.

기탄영역별수학
자료와 가능성편

4과정
평균과 가능성

차례

평균 알아보기

🦷 대표하는 값 알아보기

● 보형이네 학교 5학년 학급별 학생 수를 나타낸 표를 보고 한 학급당 학생 수를 몇 명이라고 정하면 될지 알아보려고 합니다. 물음에 답하세요.

학급별 학생 수

학급(반)	1	2	3	4	5
학생 수(명)	25	26	24	23	27

1 한 학급당 학생 수를 각 학급별 학생 수인 25, 26, 24, 23, 27 중 가장 큰 수인 27명으로 정하려고 합니다. 올바른 방법인가요?

(   )

'한 학급당 학생 수'를 정하는 것은 각 학급별 학생 수를 대표하는 값을 정하는 것을 말합니다.

2 한 학급당 학생 수를 각 학급별 학생 수인 25, 26, 24, 23, 27 중 가장 작은 수인 23명으로 정하려고 합니다. 올바른 방법인가요?

(   )

3 한 학급당 학생 수를 각 학급별 학생 수 25, 26, 24, 23, 27을 고르게 하면 25, 25, 25, 25, 25가 되므로 25명으로 정하려고 합니다. 올바른 방법인가요?

(   )

● 보형이네 모둠 학생들이 고리 던지기를 하려고 합니다. 학생들이 가진 고리 수를 보고 물음에 답하세요.

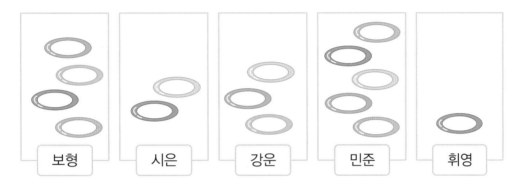

4 민준이는 고리 5개, 휘영이는 고리 1개로 던지기를 하면 공정한 경기가 될까요?

(   )

5 공정한 경기가 되려면 어떻게 해야 할까요?

(   )

6 고리를 똑같이 나누어 가지면 한 사람이 몇 개씩 가지게 되나요?

(   )개

평균 알아보기

 평균 알아보기 ①

● 정훈이가 10개의 주머니에 들어 있는 구슬의 수를 세어 보았습니다. 물음에 답하세요.

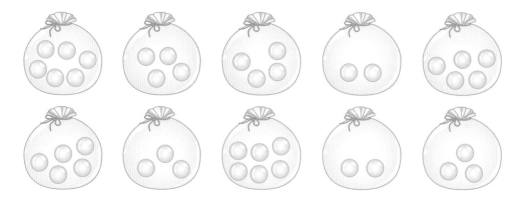

1 각각의 주머니에 들어 있는 구슬을 모두 더하면 몇 개인가요?

(   )개

2 각각의 주머니에 들어 있는 구슬의 수를 고르게 하여 주머니 한 개당 들어 있는 구슬의 수를 정하면 몇 개인가요?

(   )개

> 구슬의 수를 고르게 하려면 각 구슬 수를 모두 더하여 전체 주머니의 수로 나누어 구할 수 있습니다.

● 석영이의 과녁 맞히기 점수를 나타낸 표를 보고 물음에 답하세요.

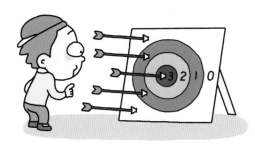

석영이의 과녁 맞히기 점수

회	1회	2회	3회	4회	5회
점수(점)	1	0	5	4	5

3 각각의 점수를 고르게 하여 한 회당 점수를 정하면 몇 점인가요?

(   )점

4 석영이의 과녁 맞히기 점수는 평균 ☐ 점입니다.

각각의 점수 1, 0, 5, 4, 5를 고르게 한 값,
즉 점수를 모두 더해 횟수 5로 나눈 수 3을
과녁 맞히기 점수를 대표하는 값으로 정할 수
있습니다. 이 값을 평균이라고 합니다.

🐛 평균 알아보기 ②

● 민형이네 모둠과 은진이네 모둠이 한 사람당 고리를 5개씩 던져서 기둥에 건 고리 수를 나타낸 표입니다. 물음에 답하세요.

민형이네 모둠이 건 고리 수

이름	건 고리 수(개)
민형	3
수현	4
우빈	5
찬희	4

은진이네 모둠이 건 고리 수

이름	건 고리 수(개)
은진	4
예린	2
형주	1
태민	3
현승	5

1 민형이네 모둠과 은진이네 모둠은 각각 몇 명인가요?

민형이네 모둠 (   )명
은진이네 모둠 (   )명

2 민형이네 모둠은 고리를 모두 몇 개 걸었나요?

(   )개

3 은진이네 모둠은 고리를 모두 몇 개 걸었나요?

(   )개

4 두 모둠이 건 고리 수의 평균을 각각 구해 보세요.

민형이네 모둠 (   )개
은진이네 모둠 (   )개

● 민형이네 모둠과 은진이네 모둠의 제기차기 기록을 나타낸 표입니다. 물음에 답하세요.

민형이네 모둠의 제기차기 기록

이름	제기차기 기록(개)
민형	8
수현	4
우빈	6
찬희	10

은진이네 모둠의 제기차기 기록

이름	제기차기 기록(개)
은진	4
예린	5
형주	7
태민	3
현승	11

5 민형이네 모둠과 은진이네 모둠의 전체 제기차기 기록은 각각 몇 개인가요?

민형이네 모둠 (   )개
은진이네 모둠 (   )개

6 민형이네 모둠과 은진이네 모둠의 제기차기 기록의 평균은 각각 몇 개인가요?

민형이네 모둠 (   )개
은진이네 모둠 (   )개

7 어느 모둠이 더 잘했다고 볼 수 있나요?

(   )이네 모둠

평균 구하기

🤖 평균 구하는 방법 ①

1 도현이와 친구들이 투호 놀이를 하여 넣은 화살 수를 나타낸 표와 수 모형을 보고 모형을 옮겨 모형의 수를 고르게 나타내었습니다. 도현이와 친구들이 넣은 화살 수의 평균은 몇 개인가요?

도현이와 친구들이 넣은 화살 수

이름	희주	혁진	성훈	도현	찬영
화살 수(개)	4	8	3	6	9

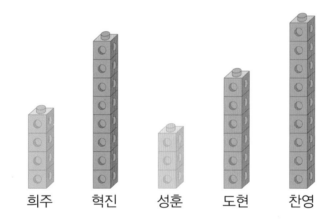

희주　혁진　성훈　도현　찬영

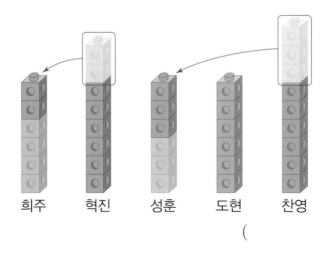

희주　혁진　성훈　도현　찬영

(　　　　　　)개

● 경훈이와 친구들이 먹은 귤 수를 나타낸 표와 수 모형을 보고 물음에 답하세요.

경훈이와 친구들이 먹은 귤 수

이름	경훈	우재	강후	도경
귤 수(개)	4	2	1	5

2 모형을 옮겨 모형의 수를 고르게 하려고 합니다. 모형을 어떻게 옮겼는지 표시해 보세요.

3 경훈이와 친구들이 먹은 귤 수의 평균은 몇 개인가요?

(   )개

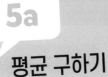
이름	
날짜	월 일
시간	: ~ :

 **평균 구하는 방법 ②**

1 보형이네 모둠이 볼링 핀 쓰러뜨리기를 하여 표로 나타내었습니다.

쓰러뜨린 볼링 핀 수

이름	보형	동주	경민	하영
볼링 핀 수(개)	8	4	7	9

쓰러뜨린 볼링 핀 수를 종이띠로 나타내고 겹치지 않게 이어 붙였습니다.
종이띠를 4등분하여 나누고, 쓰러뜨린 볼링 핀 수의 평균을 구해 보세요.

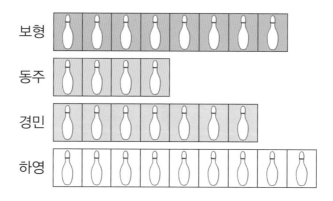

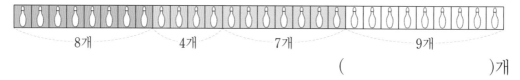

(   )개

2 희주네 모둠의 고리 던지기 기록을 나타낸 표를 보고 건 고리 수만큼 종이
띠를 이어 붙였습니다. 종이띠를 4등분하여 나누고, 건 고리 수의 평균을 구
해 보세요.

희주네 모둠이 건 고리 수

이름	희주	혁진	성훈	도현
건 고리 수(개)	4	6	7	3

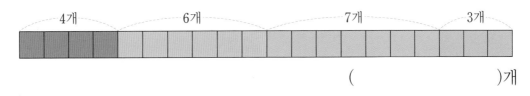

(   )개

3 지경이네 모둠 학생들이 모은 붙임딱지 수를 나타낸 표를 보고 붙임딱지 수
만큼 종이띠를 이어 붙였습니다. 종이띠를 5등분하여 나누고, 모은 붙임딱
지 수의 평균을 구해 보세요.

지경이네 모둠이 모은 붙임딱지 수

이름	시성	희진	우태	현우	여울
붙임딱지 수(개)	8	4	5	6	2

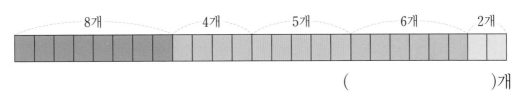

(   )개

6a 평균 구하기

이름		
날짜	월	일
시간	: ~ :	

🐵 평균 구하는 방법 ③

[1~3] 보형이네 반 모둠별 학생 수를 나타낸 표입니다. 물음에 답하세요.

보형이네 반 모둠별 학생 수

모둠	가	나	다	라	마
학생 수(명)	4	5	3	5	3

1 보형이네 반 모둠별 학생 수의 평균을 예상해 볼까요?

( )명

2 예상한 평균을 기준으로 ○를 옮겨서 높이를 고르게 해 보세요.

	○		○	
○	○		○	
○	○	○	○	○
○	○	○	○	○
○	○	○	○	○
가	나	다	라	마

3 보형이네 반 모둠별 학생 수의 평균은 몇 명인가요?

( )명

기탄영역별수학 | 자료와 가능성편

4 도현이네 모둠이 바구니에 넣은 콩 주머니 수를 나타낸 표를 보고 콩 주머니 수만큼 ○로 나타내었습니다. ○를 옮겨서 높이를 고르게 하고 바구니에 넣은 콩 주머니 수의 평균을 구해 보세요.

바구니에 넣은 콩 주머니 수

이름	도현	교진	아휘	정아
콩 주머니 수(개)	5	3	2	6

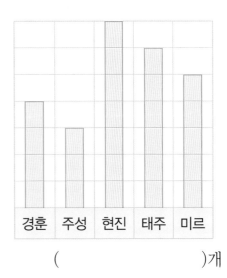

(   )개

5 경훈이와 친구들의 턱걸이 기록을 나타낸 표를 보고 턱걸이 기록만큼 막대로 나타내었습니다. 막대의 높이를 고르게 하고 턱걸이 기록의 평균을 구해 보세요.

경훈이 친구들의 턱걸이 기록

이름	경훈	주성	현신	태주	미르
턱걸이 기록(개)	4	3	7	6	5

(   )개

평균 구하기

 평균 구하기 ①

[1~2] 우진이네 학교 5학년 반별 학생 수를 나타낸 표입니다. 물음에 답하세요.

우진이네 학교 반별 학생 수

반	1	2	3	4	5	6
학생 수(명)	26	28	25	27	26	24

1 우진이네 학교 5학년 전체 학생 수는 모두 몇 명인가요?

$$\boxed{}+\boxed{}+\boxed{}+\boxed{}+\boxed{}+\boxed{}=\boxed{}$$

(   )명

2 우진이네 학교 5학년 반별 학생 수의 평균은 몇 명인가요?

$$\boxed{}\div\boxed{}=\boxed{}$$

(   )명

평균은 각 자료 값을 모두 더하여
자료의 수로 나누어 구할 수 있습니다.
(평균)=(자료 값의 합)÷(자료의 수)

3 지난주 월요일부터 금요일까지 최고 기온을 나타낸 표입니다. 지난주 요일별 최고 기온의 평균을 구해 보세요.

요일별 최고 기온

요일	월	화	수	목	금
기온(℃)	14	17	16	18	15

☐ + ☐ + ☐ + ☐ + ☐ = ☐

☐ ÷ ☐ = ☐ (℃)

4 희윤이가 5일 동안 TV를 시청한 시간을 나타낸 표입니다. 희윤이가 5일 동안 TV를 시청한 시간의 평균을 구해 보세요.

희윤이가 TV를 시청한 시간

요일	월	화	수	목	금
TV 시청 시간(분)	65	72	48	33	52

☐ + ☐ + ☐ + ☐ + ☐ = ☐

☐ ÷ ☐ = ☐ (분)

평균 구하기

이름		
날짜	월	일
시간	: ~ :	

 평균 구하기 ②

[1~3] 지경이네 모둠 학생들의 윗몸 말아 올리기 횟수를 나타낸 표입니다. 물음에 답하세요.

지경이네 모둠 학생들의 윗몸 말아 올리기 횟수

이름	지경	희진	우태	현우	여울	형준
윗몸 말아 올리기 횟수(회)	32	24	18	41	36	23

1 지경이네 모둠 학생들은 윗몸 말아 올리기를 모두 몇 회 했나요?

( )회

2 지경이네 모둠은 모두 몇 명인가요?

( )명

3 지경이네 모둠 학생들의 윗몸 말아 올리기 횟수의 평균을 구해 보세요.

(☐ + ☐ + ☐ + ☐ + ☐ + ☐) ÷ ☐

= ☐ ÷ ☐ = ☐ (회)

4 사랑이네 모둠 학생들의 단체 줄넘기 기록을 나타낸 표를 보고 사랑이네 모둠 학생들의 단체 줄넘기 기록의 평균을 구해 보세요.

사랑이네 모둠 학생들의 단체 줄넘기 기록

회	1회	2회	3회	4회	5회
단체 줄넘기 기록(번)	7	4	11	13	20

$$(\boxed{}+\boxed{}+\boxed{}+\boxed{}+\boxed{})\div\boxed{}$$

$$=\boxed{}\div\boxed{}=\boxed{}\text{(번)}$$

5 은진이네 모둠 학생들의 수학 단원평가 점수를 나타낸 표를 보고 은진이네 모둠 학생들의 수학 단원평가 점수의 평균을 구해 보세요.

은진이네 모둠 학생들의 수학 단원평가 점수

이름	은진	예린	형주	태민	현승	하은
수학 단원평가 점수(점)	76	84	88	96	72	88

$$(\boxed{}+\boxed{}+\boxed{}+\boxed{}+\boxed{}+\boxed{})\div\boxed{}$$

$$=\boxed{}\div\boxed{}=\boxed{}\text{(점)}$$

평균 구하기

평균 구하기 ③

[1~3] 혜지가 월요일부터 금요일까지 넘은 줄넘기 횟수를 나타낸 표입니다. 물음에 답하세요.

혜지가 넘은 줄넘기 횟수

요일	월	화	수	목	금
줄넘기 횟수(번)	88	103	97	110	102

1 혜지는 월요일부터 금요일까지 줄넘기를 모두 몇 번 넘었나요?

(   )번

2 월요일부터 금요일까지는 모두 며칠인가요?

(   )일

3 혜지가 월요일부터 금요일까지 넘은 요일별 줄넘기 횟수의 평균을 구해 보세요.

(   )번

4 현수네 모둠 학생들의 지난 5일 동안 독서 시간을 나타낸 표입니다. 현수네 모둠 학생들의 5일 동안 독서 시간의 평균을 구해 보세요.

현수네 모둠 학생들의 5일 동안 독서 시간

이름	현수	은성	강훈	아민	혜진
독서 시간(시간)	5	3	2	2	3

( )시간

5 월요일부터 금요일까지 5일 동안 시은이네 학교의 도서관 이용 학생 수를 나타낸 표입니다. 시은이네 학교의 요일별 도서관 이용 학생 수의 평균을 구해 보세요.

요일별 도서관 이용 학생 수

요일	월	화	수	목	금
학생 수(명)	57	36	75	52	40

( )명

이름		
날짜	월	일
시간	:	~ :

평균 구하기

🦖 2가지 방법으로 평균 구하기

[1~2] 한주의 제기차기 기록을 나타낸 표입니다. 한주의 제기차기 기록의 평균을 2가지 방법으로 구해 보세요.

한주의 제기차기 기록

회	1회	2회	3회	4회	5회
제기차기 기록(개)	2	3	7	6	7

1 방법1 한주의 제기차기 기록의 평균을 예상해 보고 예상한 평균을 기준으로 ○를 옮겨서 높이를 고르게 하여 평균을 구해 보세요.

예상한 평균: ( )개

		○		○
		○	○	○
		○	○	○
		○	○	○
	○	○	○	○
○	○	○	○	○
○	○	○	○	○
1회	2회	3회	4회	5회

( )개

2 방법2 ☐ 안에 알맞은 수를 써넣고 한주의 제기차기 기록의 평균을 구해 보세요.

$$(\boxed{}+\boxed{}+\boxed{}+\boxed{}+\boxed{})\div\boxed{}=\boxed{}\div\boxed{}=\boxed{}\text{(개)}$$

기탄영역별수학 | 자료와 가능성편

3 희민이의 100 m 달리기 기록을 나타낸 표입니다. 희민이의 100 m 달리기 기록의 평균을 2가지 방법으로 구해 보세요.

희민이의 100 m 달리기 기록

회	1회	2회	3회	4회	5회
달리기 기록(초)	17	17	15	16	15

방법1

예상한 평균 (예 16)초
예 평균을 16초로 예상하고 (17, 15),
(17, 15)를 각각 16이 되도록 자료의
값을 고르게 하여 구한 희민이의 100
m 달리기 기록의 평균은 16초입니다.

방법2

4 주아네 모둠 학생들의 볼링 핀 쓰러뜨리기 기록을 나타낸 표입니다. 주아네 모둠 학생들의 볼링 핀 쓰러뜨리기 기록의 평균을 2가지 방법으로 구해 보세요.

쓰러뜨린 볼링 핀 수

이름	주아	운형	예찬	지수	혁주	윤주
볼링 핀 수(개)	3	8	2	6	7	4

방법1

예상한 평균 (   )개

방법2

이름		
날짜	월	일
시간	: ~ :	

평균 조절하기 ①

[1~2] 주원이의 턱걸이 기록을 나타낸 표입니다. 물음에 답하세요.

주원이의 턱걸이 기록

회	1회	2회	3회	4회
턱걸이 기록(개)	2	4	4	6

1 주원이의 4회까지의 턱걸이 기록의 평균을 구해 보세요.

(   )개

2 주원이가 5회까지 한 턱걸이 기록의 평균이 4회까지의 평균보다 많으려면 5회째에는 몇 개를 해야 하는지 예상해 보세요.

따라서 5회째에는 턱걸이를 ☐ 개 하면 됩니다.

3 월요일부터 목요일까지 수정이가 마신 우유의 양을 나타낸 표입니다. 수정이가 금요일까지 마신 우유의 양의 평균이 목요일까지 마신 우유의 양의 평균보다 많으려면 금요일에는 몇 mL를 마셔야 하는지 예상해 보세요.

수정이가 마신 우유의 양

요일	월	화	수	목
마신 우유의 양(mL)	250	320	180	230

4 태진이네 모둠 학생들의 줄넘기 기록을 나타낸 표입니다. 태진이네 모둠 학생들의 줄넘기 기록의 평균이 태진, 민지, 진혁, 가민 4명의 줄넘기 기록의 평균보다 많으려면 재희는 몇 번을 넘어야 하는지 예상해 보세요.

태진이네 모둠 학생들의 줄넘기 기록

이름	태진	민지	진혁	가민	재희
줄넘기 기록(번)	127	108	145	116	

12a 평균 구하기

🐛 평균 조절하기 ②

[1~2] 다현이의 100 m 달리기 기록을 나타낸 표입니다. 물음에 답하세요.

다현이의 100 m 달리기 기록

회	1회	2회	3회	4회
달리기 기록(초)	17	16	16	15

1 다현이의 100 m 달리기 기록의 평균을 구해 보세요.

(   )초

2 다현이가 5회까지 뛴 100 m 달리기 기록의 평균이 4회까지의 평균보다 빠르려면 5회째에는 몇 초에 달려야 하는지 예상해 보세요.

5회까지의 평균이 4회까지의 평균보다 빨라야 한다는 얘기는?

5회째에는 4회까지의 평균 기록보다 더 빨리 달려야 한다는 거지.

따라서 5회째에는 100 m를 [ ]초에 달리면 됩니다.

3 영인이의 몸무게를 나타낸 표입니다. 영인이가 7월까지 잰 몸무게의 평균이 6월까지 잰 몸무게의 평균보다 적으려면 7월에는 몇 kg이 되어야 하는지 예상해 보세요.

영인이의 몸무게

측정 시기	3월	4월	5월	6월
몸무게(kg)	32	33	34	33

4 주원이네 학교 5학년 학생들이 모은 반별 콩 주머니 수를 나타낸 표입니다. 1반부터 4반까지 모은 콩 주머니 수의 반별 평균보다 5반까지 모은 콩 주머니 수의 반별 평균이 적었다면 5반에서 모은 콩 주머니의 수는 몇 개였는지 예상해 보세요.

반별로 모은 콩 주머니 수

반	1	2	3	4	5
콩 주머니 수(개)	83	62	49	78	

평균을 이용하여 문제 해결하기

🐵 평균 비교하기 ①

● 민형이네 모둠과 은진이네 모둠의 철봉 오래 매달리기 기록을 나타낸 것입니다.
물음에 답하세요.

민형이네 모둠의 철봉 오래 매달리기 기록

이름	기록(초)
민형	12
수현	25
우빈	18
찬희	9

은진이네 모둠의 철봉 오래 매달리기 기록

이름	기록(초)
은진	13
예린	22
형주	20
태민	7
현승	8

1 위 내용을 보고 표를 완성해 보세요.

모둠 친구 수와 철봉 오래 매달리기 기록

	민형이네 모둠	은진이네 모둠
모둠 친구 수(명)		
모둠 친구들의 기록의 합(초)		

2 앞의 내용을 보고 잘못 말한 사람을 찾아 이름을 써 보세요.

우철

민형이네 모둠은
총 64초, 은진이네 모둠은
총 70초 매달렸으니까
은진이네 모둠이 더
잘한 거야.

가은

두 모둠의 최고
기록을 비교해 보면 민형이네
모둠은 25초, 은진이네 모둠은
22초지만, 단순히 각 모둠의 최고
기록만으로는 어느 모둠이 더
잘했는지 판단하기
어려워.

어느 모둠이
더 잘했는지 알아보려면
두 모둠의 기록의 평균을
각각 구해서
비교하면 돼.

시윤

(   )

14a 평균을 이용하여 문제 해결하기

이름		
날짜	월	일
시간	: ~ :	

 평균 비교하기 ②

● 민성이네 모둠과 인혜네 모둠의 오래 매달리기 기록을 나타낸 표입니다. 물음에 답하세요.

민성이네 모둠의 오래 매달리기 기록

이름	민성	주원	승우	영하
기록(초)	14	20	7	19

인혜네 모둠의 오래 매달리기 기록

이름	인혜	도균	은송	강훈	준수
기록(초)	8	10	11	18	13

1 민성이네 모둠의 오래 매달리기 기록의 평균은 몇 초인가요?

(   )초

2 인혜네 모둠의 오래 매달리기 기록의 평균은 몇 초인가요?

(   )초

3 어느 모둠이 오래 매달리기를 더 잘했다고 할 수 있는지 의견을 써 보세요.

● 선진이네 모둠과 진영이네 모둠이 일주일 동안 읽은 책 수를 나타낸 표입니다. 물음에 답하세요.

선진이네 모둠이 일주일 동안 읽은 책 수

이름	선진	지태	희성	준석	미연	현우
읽은 책 수(권)	14	6	10	18	15	9

진영이네 모둠이 일주일 동안 읽은 책 수

이름	진영	철진	정재	다혜	선주
읽은 책 수(권)	11	15	4	21	14

4 표를 완성해 보세요.

모둠 친구 수와 읽은 책 수

	선진이네 모둠	진영이네 모둠
모둠 친구 수(명)	6	5
읽은 책 수(권)	72	65
모둠별 읽은 책 수의 평균(권)		

5 1인당 읽은 책 수가 더 많다고 할 수 있는 모둠은 어느 모둠인가요?

(   )이네 모둠

평균을 이용하여 문제 해결하기

이름	
날짜	월 일
시간	: ~ :

🐾 평균 비교하기 ③

● 승우네 반 학생들이 모은 딱지의 수를 나타낸 표입니다. 물음에 답하세요.

모둠별 친구 수와 모은 딱지 수

	모둠 1	모둠 2	모둠 3
모둠 친구 수(명)	5	4	6
모은 딱지 수(개)	55	48	60

1 각 모둠별 모은 딱지의 수의 평균을 구하여 표를 완성해 보세요.

모은 딱지 수의 평균

	모둠 1	모둠 2	모둠 3
모은 딱지 수의 평균(개)			

2 1인당 모은 딱지의 수가 가장 많다고 할 수 있는 모둠은 어느 모둠인가요?

(   )

● 정국이네 반 학생들이 주운 밤의 수를 나타낸 표입니다. 물음에 답하세요.

모둠별 친구 수와 주운 밤 수

	모둠 1	모둠 2	모둠 3	모둠 4
모둠 친구 수(명)	5	4	6	5
주운 밤 수(개)	85	80	90	95

3 각 모둠별 주운 밤의 수의 평균을 구하여 표를 완성하세요.

주운 밤 수의 평균

	모둠 1	모둠 2	모둠 3	모둠 4
주운 밤 수의 평균(개)				

4 1인당 주운 밤의 수가 가장 많다고 할 수 있는 모둠은 어느 모둠인가요?

( )

평균을 이용하여 문제 해결하기

이름	
날짜	월 일
시간	: ~ :

 **평균 비교하기 ④**

[1~2] 희주네 반의 모둠별 줄넘기 기록을 나타낸 표입니다. 물음에 답하세요.

모둠별 친구 수와 넘은 줄넘기 기록

	모둠 1	모둠 2	모둠 3	모둠 4	모둠 5	모둠 6
모둠 친구 수(명)	5	4	6	5	4	5
줄넘기 기록(개)	425	392	516	475	376	440

1 각 모둠별 줄넘기 기록의 평균을 구하여 표를 완성해 보세요.

모둠별 줄넘기 기록의 평균

	모둠 1	모둠 2	모둠 3	모둠 4	모둠 5	모둠 6
줄넘기 기록의 평균(개)						

2 1인당 줄넘기 기록이 가장 많다고 할 수 있는 모둠은 어느 모둠인가요?

( )

3 우태네 반 학생들이 일주일 동안 읽은 책의 수를 모둠별로 나타낸 표입니다. 표를 완성하고 1인당 읽은 책의 수가 가장 많다고 할 수 있는 모둠은 어느 모둠인지 알아보세요.

모둠별 친구 수와 읽은 책 수

	모둠 1	모둠 2	모둠 3	모둠 4	모둠 5
모둠 친구 수(명)	5	4	5	3	4
읽은 책 수(권)	40	36	35	30	32
읽은 책 수의 평균(권)					

(   )

4 현진이네 반 학생들이 일주일 동안 컴퓨터를 사용한 시간을 모둠별로 나타낸 표입니다. 표를 완성하고 1인당 컴퓨터 사용 시간이 가장 많다고 할 수 있는 모둠은 어느 모둠인지 알아보세요.

모둠별 친구 수와 컴퓨터 사용 시간

	모둠 1	모둠 2	모둠 3	모둠 4	모둠 5	모둠 6
모둠 친구 수(명)	4	4	5	6	4	5
컴퓨터 사용 시간(시간)	20	16	30	18	28	25
컴퓨터 사용 시간의 평균(시간)						

(   )

평균을 이용하여 문제 해결하기

이름	
날짜	월 일
시간	: ~ :

 모르는 자료의 값 구하기 ①

● 지윤이네 학교 5학년 학급별 학생 수를 나타낸 표입니다. 학급별 학생 수의 평균이 25명일 때, 물음에 답하세요.

학급별 학생 수

학급(반)	1	2	3	4	5
학생 수(명)	27	24	26	25	

1 지윤이네 5학년 전체 학생 수는 몇 명인가요?

$$\boxed{} \times 5 = \boxed{} \text{(명)}$$

2 5학년 전체 학생 수에서 5반 학생 수를 제외한 네 반의 학생 수의 합은 몇 명인가요?

$$27 + 24 + 26 + 25 = \boxed{} \text{(명)}$$

3 5학년 5반의 학생 수는 몇 명인가요?

$$\boxed{} - \boxed{} = \boxed{} \text{(명)}$$

● 승현이네 모둠 학생들이 밤 줍기 체험 학습에서 주운 밤의 수를 나타낸 표입니다.
학생별 주운 밤의 수의 평균이 142개일 때, 물음에 답하세요.

학생별 주운 밤의 수

이름	승현	경혜	진민	형진	우철
주운 밤의 수(개)	204	181	95		110

4 승현이네 모둠 학생들이 주운 밤은 모두 몇 개인가요?

( )개

5 승현, 경혜, 진민, 우철이가 주운 밤은 모두 몇 개인가요?

( )개

6 형진이가 주운 밤은 몇 개인가요?

( )개

18a

평균을 이용하여 문제 해결하기

이름 / 날짜 월 일 / 시간 : ~ :

🐛 모르는 자료의 값 구하기 ②

1 하얀이네 모둠 학생들의 하루 운동 시간을 나타낸 표입니다. 하루 운동 시간의 평균이 40분일 때, 영현이의 하루 운동 시간은 몇 분인가요?

학생별 하루 운동 시간

이름	하얀	경훈	의민	영현
하루 운동 시간(분)	20	70	45	

( )분

2 흰구름 빵집에서 월요일부터 금요일까지 지난 한 주간 만든 빵의 수를 나타낸 표입니다. 하루 평균 200개의 빵을 만들었다고 할 때, 흰구름 빵집에서 수요일에 만든 빵은 몇 개인가요?

한 주간 만든 빵의 수

요일	월	화	수	목	금
만든 빵의 수(개)	187	215		204	192

( )개

기탄영역별수학 | 자료와 가능성편

3 서린이네 모둠 학생들이 모은 칭찬 붙임딱지 수를 나타낸 표입니다. 학생별 모은 칭찬 붙임딱지가 평균 22개일 때, 민섭이가 모은 칭찬 붙임딱지는 몇 개인가요?

학생별 모은 칭찬 붙임딱지 수

이름	서린	현승	미르	강이	민섭	영우
칭찬 붙임딱지 수(개)	19	25	27	14		17

( )개

4 달콤 과수원에서 월요일부터 금요일까지 지난 한 주간 딴 사과의 수를 나타낸 표입니다. 하루 평균 650개의 사과를 땄다고 할 때, 달콤 과수원에서 금요일에 딴 사과는 몇 개인가요?

한 주간 딴 사과의 수

요일	월	화	수	목	금
딴 사과의 수(개)	770	684	593	607	

( )개

19a

평균을 이용하여 문제 해결하기

이름		
날짜	월	일
시간	: ~ :	

 모르는 자료의 값 구하기 ③

[1~3] 준현이네 모둠과 연성이네 모둠의 턱걸이 기록을 나타낸 표입니다. 두 모둠
의 턱걸이 기록의 평균이 같을 때, 물음에 답하세요.

준현이네 모둠의 턱걸이 기록

이름	턱걸이 기록(개)
준현	4
찬주	8
이형	6
희민	2

연성이네 모둠의 턱걸이 기록

이름	턱걸이 기록(개)
연성	3
승태	
서준	9
진후	2
기정	4

1 준현이네 모둠의 턱걸이 기록의 평균을 구해 보세요.

$$(\boxed{}+\boxed{}+\boxed{}+\boxed{})\div\boxed{}=\boxed{}\div\boxed{}=\boxed{}(\text{개})$$

2 연성이네 모둠의 턱걸이 기록은 모두 몇 개인가요?

$$\boxed{}\times5=\boxed{}(\text{개})$$

3 승태의 턱걸이 기록은 몇 개인가요?

$$\boxed{}-(3+9+2+4)=\boxed{}(\text{개})$$

기탄영역별수학 | 자료와 가능성편

4 선기네 모둠과 희민이네 모둠이 대출한 도서의 수를 나타낸 표입니다. 두 모둠이 대출한 도서 수의 평균이 같을 때, 정현이가 대출한 도서의 수를 구해 보세요.

선기네 모둠이 대출한 도서 수

이름	대출한 도서 수(권)
선기	4
예빈	6
은진	2
효경	4

희민이네 모둠이 대출한 도서 수

이름	대출한 도서 수(권)
희민	7
의찬	3
정현	

(   )권

5 하영이와 미르가 공 던지기를 한 결과를 나타낸 표입니다. 두 사람의 공 던지기 기록의 평균이 같을 때, 미르의 2회 기록을 구해 보세요.

하영이의 공 던지기 기록

회	공 던기기 기록(m)
1회	9
2회	13
3회	14

미르의 공 던지기 기록

회	공 던기기 기록(m)
1회	8
2회	
3회	12
4회	15

(   ) m

모르는 자료의 값 구하기 ④

[1~3] 승주와 민성이가 송판깨기를 하여 그 기록을 나타낸 것입니다. 두 사람이 깬 송판 수의 평균이 같을 때, 물음에 답하세요.

승주가 깬 송판 수(장)

5	7	4	6	8

민성이가 깬 송판 수(장)

6	5	9	☐

1 승주가 깬 송판 수의 평균은 몇 장인가요?

( )장

2 민성이가 깬 송판 수는 모두 몇 장일까요?

( )장

3 민성이가 마지막에 깬 송판은 몇 장일까요?

( )장

4 진형이네 모둠과 선준이네 모둠 학생들의 수학 단원평가 점수를 각각 나타 낸 것입니다. 두 모둠의 수학 단원평가 점수의 평균이 같을 때, 선준이네 모 둠 마지막 학생의 점수를 구해 보세요.

진형이네 모둠의 수학 단원평가 점수(점)

| 96 | 84 | 76 | 92 | 72 |

선준이네 모둠의 수학 단원평가 점수(점)

| 76 | 88 | 92 | ☐ |

(   )점

5 지성이네 모둠과 영진이네 모둠 학생들의 키를 재어 그 기록을 나타낸 것입 니다. 두 모둠 학생들의 키의 평균이 같을 때, 영진이네 모둠 마지막 학생의 키를 구해 보세요.

지성이네 모둠의 키(cm)

| 146 | 135 | 149 | 146 |

영진이네 모둠의 키(cm)

| 143 | 147 | 154 | 136 | ☐ |

(   ) cm

일이 일어날 가능성을 말로 표현하기

이름	
날짜	월 일
시간	: ~ :

🎃 일이 일어날 가능성 알아보기 ①

● 일이 일어날 가능성을 생각해 보고, 알맞게 표현한 곳에 ○표 하세요.

일 \ 가능성	불가능하다	반반이다	확실하다
1 동전을 던지면 그림 면이 나올 것입니다.			
2 1월 1일 다음 날은 1월 2일 일 것입니다.			
3 2와 5를 곱하면 8이 될 것입니다.			
4 주사위를 굴렸을 때 0의 눈이 나올 것입니다.			
5 송아지 한 마리가 태어날 때, 태어난 송아지는 수컷일 것입니다.			

● 일이 일어날 가능성을 생각해 보고, 알맞게 표현한 것에 선으로 이어 보세요.

6
은행에서 뽑은 대기 번
호표의 번호가 짝수일
것입니다.

•

• 불가능하다

7
내일은 서쪽에서 해가
뜰 것입니다.

•

• 반반이다

8
당첨 제비만 4개 들어
있는 상자에서 제비 1
개를 뽑으면 당첨 제비
일 것입니다.

•

9
올해 12살이면 내년에
는 13살일 것입니다.

•

• 확실하다

일이 일어날 가능성을 말로 표현하기

이름
날짜   월   일
시간   :   ~   :

일이 일어날 가능성 알아보기 ②

● 일이 일어날 가능성을 생각해 보고, 알맞게 표현한 곳에 ○표 하세요.

일 \ 가능성	불가능 하다	~아닐 것 같다	반반 이다	~일 것 같다	확실 하다
1 계산기에 ' 2 + 3 = '을 누르면 5가 나올 것입니다.					
2 오늘은 화요일이니까 내일은 목요일일 것입니다.					
3 주사위를 한 번 굴릴 때 5의 눈이 나올 것입니다.					
4 흰 구슬 3개, 검은 구슬 1개가 들어 있는 통에서 구슬 1개를 꺼낼 때, 꺼낸 구슬은 흰색일 것입니다.					
5 ○, × 문제에서 무심코 ○라고 답했을 때, 정답일 것입니다.					

● 일이 일어날 가능성을 생각해 보고, 알맞게 표현한 것에 선으로 이어 보세요.

6 | 코끼리는 나뭇잎보다 가벼울 것입니다.

불가능하다

7 | 형우의 사물함 번호는 짝수일 것입니다.

~아닐 것 같다

반반이다

8 | 400명 중에는 서로 생일이 같은 사람이 있을 것입니다.

~일 것 같다

9 | 주사위 한 개를 굴렸을 때 2보다 작은 수의 눈이 나올 것입니다.

확실하다

이름	
날짜	월 일
시간	: ~ :

어떤 일이 일어날 가능성을 말로 답하기 ①

● 일이 일어날 가능성을 말로 표현해 보세요.

1

파란색 구슬만 1개가 들어 있는 주머니에서 꺼낸 구슬은 파란색일까?

예 파란색 구슬만 1개가 있었으니 파란색이 확실해.

2

우리나라 12월 평균 기온은 30℃가 넘을까?

3

1, 2, 3, 4가 적힌 구슬 4개 중 한 개를 꺼내면 홀수일까?

4

지금 오후 3시인데 1시간 후면 오후 5시인 거지?

5

전 학년을 청팀과 백팀으로 나누었다는데 우리 반은 청팀일까?

6

주사위를 한 번 굴릴 때 6 이하의 수가 나올까?

일이 일어날 가능성을 말로 표현하기

🔴 어떤 일이 일어날 가능성을 말로 답하기 ②

● 일이 일어날 가능성을 말로 표현해 보세요.

1

동전을 3번 던지면 3번 모두 그림면이 나올까?

2

딸기 맛 사탕 4개가 들어 있는데 난 포도 맛 사탕을 꺼내고 싶어.

3

내일 날씨가 춥다고 하니 애들이 반팔보다는 긴팔을 입고 오겠지?

4

주사위를
던지면 4의 눈이
나오겠지?

5

100원짜리 동전
1개를 던지면 숫자
면이 나올까?

6

우리가 지금
5학년이니까 내년
3월엔 6학년이
되겠지?

일이 일어날 가능성을 말로 표현하기

가능성에 알맞은 일 주변에서 찾기 ①

● 보기 를 보고 물음에 답하세요.

> 보기
> ㉠ 주사위를 굴리면 주사위 눈의 수가 짝수가 나올 것입니다.
> ㉡ 1번부터 9번까지의 번호표가 들어 있는 상자에서 번호표 1장을 뽑았을 때, 10번이 나올 것입니다.
> ㉢ 내년에는 나이가 1살 더 많아질 것입니다.

1 일이 일어날 가능성이 확실한 것을 찾아 기호를 써 보세요.

(   )

2 일이 일어날 가능성이 불가능한 것을 찾아 기호를 써 보세요.

(   )

3 일이 일어날 가능성이 반반인 것을 찾아 기호를 써 보세요.

(   )

● 가능성에 알맞은 일을 주변에서 찾아 써 보세요.

4 확실하다

예 11월 다음에는 12월이 올 것입니다.

5 반반이다

6 불가능하다

일이 일어날 가능성을 말로 표현하기

 가능성에 알맞은 일 주변에서 찾기 ②

● 보기를 보고 물음에 답하세요.

> **보기**
>
> ㉠ 이번 겨울에 우리나라는 밤이 낮보다 길 것입니다.
> ㉡ 동전 3개를 던졌을 때 모두 그림 면이 나올 것입니다.
> ㉢ 바둑돌 20개가 들어 있는 주머니에서 바둑돌 한 줌을 꺼냈을 때 꺼낸 바둑돌의 수는 홀수일 것입니다.
> ㉣ 주사위 한 개를 굴리면 2 이상의 눈이 나올 것입니다.
> ㉤ 빨간색 구슬만 5개가 들어 있는 주머니에서 꺼낸 구슬은 노란색일 것입니다.

1 일이 일어날 가능성이 '~아닐 것 같다'인 것을 찾아 기호를 써 보세요.

(   )

2 일이 일어날 가능성이 '~일 것 같다'인 것을 찾아 기호를 써 보세요.

(   )

3 일이 일어날 가능성이 확실한 것을 찾아 기호를 써 보세요.

(   )

● 가능성에 알맞은 일을 주변에서 찾아 써 보세요.

4 　~일 것 같다

_____

_____

5 　반반이다

_____

_____

6 　~아닐 것 같다

_____

_____

일이 일어날 가능성을 비교하기

 일이 일어날 가능성을 비교하기 ①

1 민형이네 반 친구들이 말하는 일이 일어날 가능성을 판단하여 해당하는 칸에 친구들의 이름을 써 보세요.

수현	내일은 해가 동쪽에서 뜰 거야.
민형	계산기에 [5] [+] [3] [=] 누르면 8이 뜨겠지?
희주	올해 12월은 32일까지 있을 거야.
우빈	다섯 장의 카드 ♥♥♥♥♥ 중 1장을 뽑으면 ♥가 나올 거야.
다현	주사위를 한 번 굴렸을 때 2의 배수가 나올까?
시은	흰 바둑돌 1개와 검은 바둑돌 1개가 들어 있는 상자에서 바둑돌 1개를 꺼내면 검은 바둑돌일 거야.
혜진	내년에는 3월보다 4월이 빨리 올 거야.

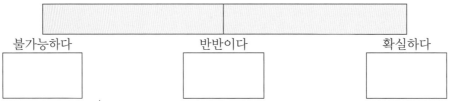

불가능하다	반반이다	확실하다

● 친구들이 말한 일이 일어날 가능성을 비교해 보세요.

2 일이 일어날 가능성이 '불가능하다'인 경우를 말한 친구는 누구일까요?

(   )

3 2와 같은 상황에서 일이 일어날 가능성이 '확실하다'가 되도록 친구의 말을 바꿔 보세요.

_____

4 일이 일어날 가능성이 반반인 경우를 말한 친구를 모두 쓰세요.

(   )

일이 일어날 가능성을 비교하기

일이 일어날 가능성을 비교하기 ②

1 민형이네 반 친구들이 말하는 일이 일어날 가능성을 판단하여 해당하는 칸에 친구들의 이름을 써 보세요.

수현	우리 모둠 7명의 이름을 쓴 쪽지 중 1장을 뽑으면 내 이름일 거야.
민형	흰 바둑돌만 들어 있는 상자에서 바둑돌 1개를 꺼냈을 때, 검은 바둑돌이 나올까?
희주	내년에는 5월이 6월보다 빨리 오겠지?
우빈	주사위를 한 번 굴리면 6의 약수가 나올 거야.
다현	보라색 공 4개, 흰색 공 4개가 들어 있는 주머니에서 공 1개를 꺼낼 때, 보라색 공이 나올 거야.
시은	가위바위보를 할 때, 상대가 가위를 낼 가능성은?
혜진	1부터 10까지의 숫자 카드 중 1장을 뽑을 때, 10보다 작은 수가 나오겠지?

	~아닐 것 같다	~일 것 같다	
불가능하다	반반이다		확실하다

● 친구들이 말한 일이 일어날 가능성을 비교해 보세요.

2 일이 일어날 가능성이 '불가능하다'인 경우를 말한 친구는 누구일까요?

(   )

3 2와 같은 상황에서 일이 일어날 가능성이 '확실하다'가 되도록 친구의 말을
바꿔 보세요.

_____

4 일이 일어날 가능성이 높은 순서대로 친구의 이름을 써 보세요.

(   )

일이 일어날 가능성을 비교하기

🐛 일이 일어날 가능성을 비교하기 ③

● 파란색과 빨간색을 사용하여 회전판을 만들었습니다. 물음에 답하세요.

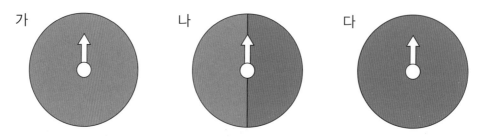

1 화살표가 빨간색에 멈추는 것이 불가능한 회전판은 어느 것인지 찾아 기호를 쓰세요.

(   )

2 화살표가 파란색에 멈출 가능성과 빨간색에 멈출 가능성이 비슷한 회전판은 어느 것인지 찾아 기호를 쓰세요.

(   )

3 화살표가 파란색에 멈출 가능성이 높은 회전판부터 순서대로 기호를 쓰세요.

(   )

● 노란색, 파란색으로 이루어진 회전판과 회전판을 100회 돌려 화살표가 멈춘 횟수를 나타낸 표입니다. 일이 일어날 가능성이 가장 비슷한 것끼리 선으로 이어 보세요.

4  •

• ㉠

색깔	노랑	파랑
횟수(회)	0	100

5 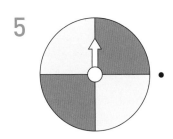 •

• ㉡

색깔	노랑	파랑
횟수(회)	100	0

6 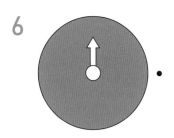 •

• ㉢

색깔	노랑	파랑
횟수(회)	51	49

이름		
날짜	월	일
시간	: ~	:

 일이 일어날 가능성을 비교하기 ④

● 경훈, 우재, 현진, 예린, 영인이는 파란색과 빨간색을 사용하여 회전판을 만들었습니다. 물음에 답하세요.

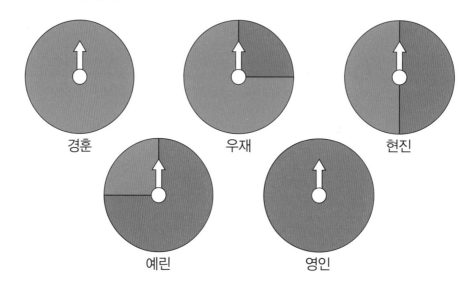

경훈   우재   현진

예린   영인

1 화살표가 파란색에 멈추는 것이 불가능한 회전판은 누가 만든 회전판인가요?

( )

2 우재, 현진, 예린이가 만든 회전판 중에서 화살표가 빨간색에 멈출 가능성이 가장 높은 회전판은 누가 만든 회전판인가요?

( )

3 화살표가 파란색에 멈출 가능성이 높은 회전판을 만든 순서대로 친구의 이름을 써 보세요.

( )

● 노란색, 빨간색으로 이루어진 회전판과 회전판을 100회 돌려 화살표가 멈춘 횟수를
  나타낸 표입니다. 일이 일어날 가능성이 가장 비슷한 것끼리 선으로 이어 보세요.

4

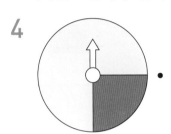 ●

● ㉠

색깔	노랑	빨강
횟수(회)	25	75

5

 ●

● ㉡

색깔	노랑	빨강
횟수(회)	73	27

6

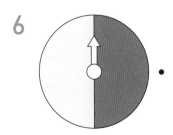 ●

● ㉢

색깔	노랑	빨강
횟수(회)	48	52

일이 일어날 가능성을 비교하기

일이 일어날 가능성을 비교하기 ⑤

● 노란색, 빨간색, 파란색을 사용하여 회전판을 만들었습니다. 물음에 답하세요.

가 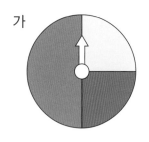   나 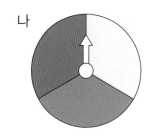   다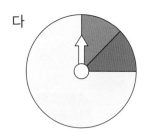

1 화살표가 파란색에 멈출 가능성이 가장 높은 회전판은 어느 것인지 찾아 기호를 쓰세요.

(   )

2 화살표가 노란색, 빨간색, 파란색에 멈출 가능성이 각각 비슷한 회전판은 어느 것인지 찾아 기호를 쓰세요.

(   )

3 화살표가 노란색에 멈출 가능성이 높은 회전판부터 순서대로 기호를 쓰세요.

(   )

● 노란색, 빨간색, 파란색으로 이루어진 회전판과 회전판을 120회 돌려 화살표가 멈춘 횟수를 나타낸 표입니다. 일이 일어날 가능성이 가장 비슷한 것끼리 선으로 이어 보세요.

4

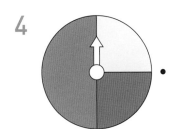

⊙ㄱ

색깔	노랑	빨강	파랑
횟수(회)	90	15	15

5

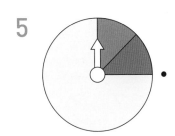

⊙ㄴ

색깔	노랑	빨강	파랑
횟수(회)	30	28	62

6

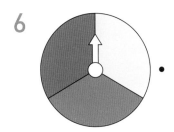

⊙ㄷ

색깔	노랑	빨강	파랑
횟수(회)	31	60	29

7

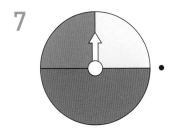

⊙ㄹ

색깔	노랑	빨강	파랑
횟수(회)	39	43	38

일이 일어날 가능성을 비교하기

조건에 알맞게 회전판 색칠하기 ①

● 조건에 알맞은 회전판이 되도록 색칠해 보세요.

1

조건
• 화살표가 파란색에 멈출 가능성이 노란색에 멈출 가능성보다 높습니다.

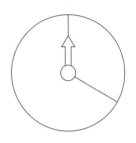

2

조건
• 화살표가 파란색에 멈출 가능성과 노란색에 멈출 가능성이 같습니다.

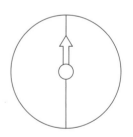

3

조건
• 화살표가 파란색에 멈출 가능성은 노란색에 멈출 가능성의 3배입니다.

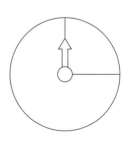

● 조건 에 알맞은 회전판이 되도록 빨간색과 녹색을 색칠해 보세요.

4
조건
• 화살표가 빨간색에 멈출 가능성이 녹색에 멈출 가능성보다 낮습니다.

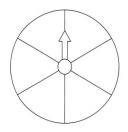

5
조건
• 화살표가 빨간색에 멈출 가능성과 녹색에 멈출 가능성이 같습니다.

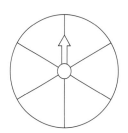

6
조건
• 화살표가 빨간색에 멈출 가능성은 녹색에 멈출 가능성의 2배입니다.

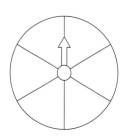

일이 일어날 가능성을 비교하기

조건에 알맞게 회전판 색칠하기 ②

● 조건 에 알맞은 회전판이 되도록 색칠해 보세요.

1

조건
- 화살표가 파란색에 멈출 가능성이 가장 높습니다.
- 화살표가 노란색에 멈출 가능성은 빨간색에 멈출 가능성의 2배입니다.

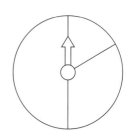

2

조건
- 화살표가 빨간색, 파란색, 노란색에 멈출 가능성이 모두 같습니다.

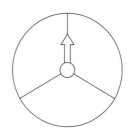

3

조건
- 화살표가 빨간색에 멈출 가능성이 가장 높습니다.
- 화살표가 파란색에 멈출 가능성은 노란색에 멈출 가능성의 3배입니다.

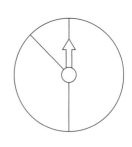

● [조건]에 알맞은 회전판이 되도록 빨간색, 파란색, 노란색을 색칠해 보세요.

4

[조건]
● 화살표가 빨간색, 파란색, 노란색에 멈출 가능성이 모두 같습니다.

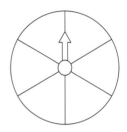

5

[조건]
● 화살표가 파란색에 멈출 가능성이 가장 높습니다.
● 화살표가 빨간색에 멈출 가능성은 노란색에 멈출 가능성의 2배입니다.

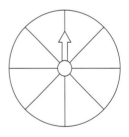

6

[조건]
● 화살표가 파란색에 멈출 가능성이 가장 높습니다.
● 화살표가 빨간색과 노란색에 멈출 가능성은 같습니다.

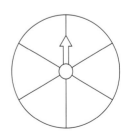

일이 일어날 가능성을 수로 표현하기

회전판을 보고 수직선에 ↓로 표시하기 ①

● 회전판을 보고 각각의 가능성을 0부터 1까지의 수 중 어떤 수로 표현할 수 있는지 수직선에 ↓로 나타내어 보세요.

일이 일어날 가능성을 '불가능'은 0, '반반'은 $\frac{1}{2}$, '확실'은 1로 표현할 수 있습니다.

가   나   다

 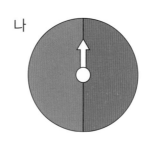 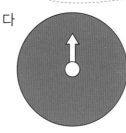

1 회전판 가에서 화살표가 파란색에 멈출 가능성

2 회전판 나에서 화살표가 파란색에 멈출 가능성

3 회전판 다에서 화살표가 파란색에 멈출 가능성

● 회전판을 보고 각각의 가능성을 0부터 1까지의 수 중 어떤 수로 표현할 수 있는지 수직선에 ↓로 나타내어 보세요.

가 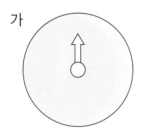   나 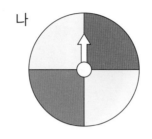   다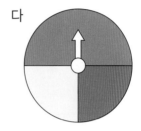

4 회전판 가에서 화살표가 빨간색에 멈출 가능성

5 회전판 나에서 화살표가 노란색에 멈출 가능성

6 회전판 다에서 화살표가 노란색 또는 빨간색에 멈출 가능성

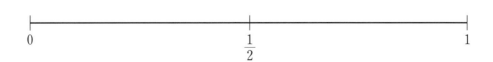

일이 일어날 가능성을 수로 표현하기

 회전판을 보고 수직선에 ↓로 표시하기 ②

● 회전판을 보고 각각의 가능성을 0부터 1까지의 수 중 어떤 수로 표현할 수 있는 지 수직선에 ↓로 나타내어 보세요.

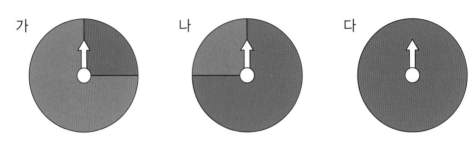

1 회전판 **가**에서 화살표가 빨간색에 멈출 가능성

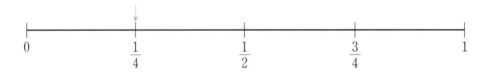

2 회전판 **나**에서 화살표가 빨간색에 멈출 가능성

3 회전판 **다**에서 화살표가 파란색에 멈출 가능성

● 회전판을 보고 각각의 가능성을 0부터 1까지의 수 중 어떤 수로 표현할 수 있는 지 수직선에 ↓로 나타내어 보세요.

가 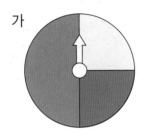　　나 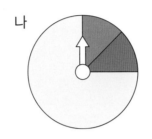　　다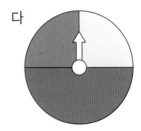

4 회전판 가에서 화살표가 빨간색에 멈출 가능성

5 회전판 나에서 화살표가 노란색에 멈출 가능성

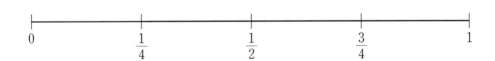

6 회전판 다에서 화살표가 파란색 또는 노란색에 멈출 가능성

일이 일어날 가능성을 수로 표현하기

🐵 일이 일어날 가능성을 수로 표현하기 ①

● 민형이네 모둠과 은진이네 모둠이 조별 발표 순서를
놓고 동전을 던져 숫자 면이 나오면 민형이네 모둠
이, 그림 면이 나오면 은진이네 모둠이 먼저 발표를
하려고 합니다. 물음에 답하세요.

1 민형이네 모둠이 먼저 발표를 하게 될 가능성을 말로 표현해 보세요.

말 _____

2 민형이네 모둠이 먼저 발표를 하게 될 가능성에 ↓로 나타내어 보세요.

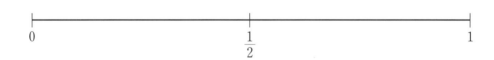

3 민형이네 모둠이 먼저 발표를 하게 될 가능성을 수로 표현해 보세요.

수 _____

● 경준이네 모둠은 4명입니다. 모둠 대표로 발표자 1명을 뽑기 위해 모둠 친구들이 각자의 이름을 종이에 적어서 1장씩 통에 넣었습니다. 통에서 종이 한 장을 꺼냈을 때, 물음에 답하세요.

4 경준이가 발표자로 뽑힐 가능성을 말로 표현해 보세요.

> 말 _____

5 경준이가 발표자로 뽑힐 가능성에 ↓로 나타내어 보세요.

$$0 \qquad \frac{1}{4} \qquad \frac{1}{2} \qquad \frac{3}{4} \qquad 1$$

6 경준이가 발표자로 뽑힐 가능성을 수로 표현해 보세요.

> 수 _____

'~아닐 것 같다'를 수로 어떻게 나타낼 수 있지?

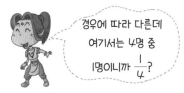

경우에 따라 다른데 여기서는 4명 중 1명이니까 $\frac{1}{4}$?

일이 일어날 가능성을 수로 표현하기

일이 일어날 가능성을 수로 표현하기 ②

● 일이 일어날 가능성을 보기 에서 찾아 기호를 쓰세요.

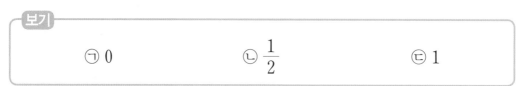

보기

㉠ 0   ㉡ $\frac{1}{2}$ ㉢ 1

1 오른쪽과 같은 주머니에서 1개의 돌을 꺼낼 때, 검은 돌이 나올 것입니다.

(   )

2 다음 카드 중 한 장을 뽑을 때 ♠ 카드를 뽑을 것입니다.

(   )

3 주사위를 한 번 굴릴 때 6 이하의 수가 나올 것입니다.

(   )

● 일이 일어날 가능성을 [보기]에서 찾아 기호를 쓰세요.

[보기]

ㄱ 0   ㄴ $\dfrac{1}{4}$ ㄷ $\dfrac{1}{2}$ ㄹ $\dfrac{3}{4}$ ㅁ 1

4 가족여행을 위해 회전판 돌리기를 하였습니다. 가족여행지가 속초로 정해질 것입니다.

(   )

5 딸기 맛 사탕 4개가 들어 있는 주머니에서 사탕 1개를 꺼냈을 때 포도 맛 사탕이 나올 것입니다.

(   )

6 오른쪽과 같은 주머니에서 바둑돌 1개를 꺼냈을 때 검은 돌일 것입니다.

(   )

일이 일어날 가능성을 수로 표현하기

일이 일어날 가능성을 수로 표현하기 ③

1 일이 일어날 가능성을 수로 표현했을 때 0인 것을 찾아 기호를 쓰세요.

> ㉠ 내일은 해가 서쪽에서 뜰 것입니다.
> ㉡ 내년 7월은 31일까지 있을 것입니다.
> ㉢ 동전을 던졌을 때 그림 면이 나올 것입니다.

(   )

2 일이 일어날 가능성을 수로 표현했을 때 $\frac{1}{2}$인 것을 찾아 기호를 쓰세요.

> ㉠ 계산기에 '8 + 4 ='을 누르면 12가 나올 것입니다.
> ㉡ 주사위를 한 번 굴릴 때 홀수의 눈이 나올 것입니다.
> ㉢ 1000원짜리 4장이 들어 있는 통에서 1장을 꺼냈을 때 5000원짜리가
>   나올 것입니다.

(   )

3 일이 일어날 가능성을 수로 표현했을 때 $\dfrac{1}{4}$인 것을 찾아 기호를 쓰세요.

> ㉠ 흰 구슬 3개, 노란 구슬 1개가 들어 있는 통에서 구슬 1개를 꺼낼 때 꺼낸 구슬이 흰색일 것입니다.
> ㉡ 1부터 20까지의 번호표 중 1개를 뽑았을 때 1보다 작은 수가 나올 것입니다.
> ㉢ 4장의 카드 ♥ ♥ ♥ ♥ 중 1장을 뽑을 때 ♥를 뽑을 것입니다.
> ㉣ 동물원, 박물관, 미술관, 고궁이 쓰여진 4장의 카드 중 1장을 뽑아 체험 학습 장소를 정할 때 고궁이 나올 것입니다.

(   )

4 일이 일어날 가능성을 수로 표현했을 때 $\dfrac{3}{4}$인 것을 찾아 기호를 쓰세요.

> ㉠ 주머니에 든 200개의 공깃돌 중 50개가 파란색일 때, 주머니에서 공깃돌 1개를 꺼낼 때 그 공깃돌은 파란색이 아닐 것입니다.
> ㉡ 주사위를 한 번 굴리면 4의 약수인 눈이 나올 것입니다.
> ㉢ 노란색 구슬 4개가 들어 있는 주머니에서 구슬 1개를 꺼낼 때 꺼낸 구슬은 노란색일 것입니다.
> ㉣ 내년에는 6월이 7월보다 늦게 올 것입니다.

(   )

일이 일어날 가능성을 수로 표현하기

🤖 일이 일어날 가능성을 말과 수로 표현하기 ①

1 서로 관련 있는 것끼리 이어 보세요.

5와 6을 곱하면 30이 될 것입니다.	주사위를 한 번 굴릴 때 짝수가 나올 것입니다.	수요일 다음날은 화요일일 것입니다.

확실하다	불가능하다	반반이다

0	$\frac{1}{2}$	1

'~아닐 것 같다', '~일 것 같다'를 수로 나타낼 때 항상 $\frac{1}{4}$, $\frac{3}{4}$인 것은 아닙니다. 문제에 따라 다를 수 있어요.

2 서로 관련 있는 것끼리 이어 보세요.

380명의 사람들 중에는 생일이 같은 사람이 있을 것입니다. • • 불가능하다 • • $\frac{1}{4}$

빨간 구슬 3개, 초록 구슬 1개가 들어 있는 주머니에서 1개를 꺼냈을 때 빨간 구슬을 뽑을 것입니다. • • 확실하다 • • $\frac{1}{2}$

태어날 송아지는 암컷일 것입니다. • • ~아닐 것 같다 • • 0

1부터 4까지 적힌 4장의 숫자 카드 중 1장을 뽑을 때 3이 나올 것입니다. • • 반반이다 • • $\frac{3}{4}$

내일은 해가 남쪽에서 뜰 것입니다. • • ~일 것 같다 • • 1

 일이 일어날 가능성을 말과 수로 표현하기 ②

1 다음 4장의 숫자 카드 중 한 장을 뽑았을 때, 뽑은 카드가 4보다 작은 수가 나올 가능성을 말과 수로 표현해 보세요.

4   5   6   7

말 _____ , 수 _____

2 당첨 제비만 3개가 들어 있는 제비뽑기 상자에서 제비 1개를 뽑았습니다. 뽑은 제비가 당첨 제비일 가능성을 말과 수로 표현해 보세요.

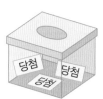

말 _____ , 수 _____

3 오른쪽 주머니에서 바둑돌 1개를 꺼냈을 때, 흰색 돌이 나올 가능성을 말과 수로 표현해 보세요.

말 _____ , 수 _____

4 다음 8장의 그림 카드 중 한 장을 뽑았을 때, 뽑은 카드가 일 가능성을 말과 수로 표현해 보세요.

★ ◉ ♥ ★ ★ ◉ ★ ♥

말 _____ , 수 _____

5 알에서 갓 깨어난 병아리가 수컷일 가능성을 말과 수로 표현해 보세요.

말 _____ , 수 _____

이제 평균과 가능성에 대한 문제는 걱정 없지요?
혹시 아쉬운 부분이 있다면 그 부분만
좀 더 복습하세요. 수고하셨습니다!!!!

[1~3] 민형이네 모둠의 운동 종목별 기록을 보고 물음에 답하세요.

민형이네 모둠의 운동 종목별 기록

	민형	여울	현수	규민
왕복 오래달리기(회)	83	75	72	86
윗몸 말아 올리기(회)	45	32		51
턱걸이(개)	7	4	3	6

1 민형이네 모둠의 왕복 오래달리기 기록의 평균은 몇 회인가요?

(   )회

2 민형이네 모둠의 윗몸 말아 올리기 기록의 평균이 42회입니다. 현수는 윗몸 말아 올리기를 몇 회 했나요?

(   )회

3 전학생 1명이 민형이네 모둠이 되었습니다. 이 전학생의 턱걸이 기록을 포함한 민형이네 모둠의 턱걸이 평균이 현재 4명의 평균보다 많으려면 전학생은 턱걸이를 몇 개를 해야 하는지 예상해 보세요.

(   )개

[4~5] 준이와 이석이가 투호를 한 결과 넣은 화살 수를 나타낸 표입니다. 물음에 답하세요.

준이가 넣은 화살 수

회	화살 수(개)
1회	4
2회	6
3회	8

이석이가 넣은 화살 수

회	화살 수(개)
1회	2
2회	
3회	7
4회	8

4 준이가 넣은 화살 수의 평균을 구해 보세요.

( )개

5 두 사람의 넣은 화살 수의 평균이 같을 때, 이석이가 2회째에 넣은 화살 수를 구해 보세요.

( )개

6 현준이네 모둠과 상우네 모둠 학생들의 수학 단원평가 점수를 각각 나타낸 것입니다. 두 모둠의 수학 단원평가 점수의 평균이 같을 때, 상우네 모둠 마지막 학생의 점수를 구해 보세요.

현준이네 모둠 수학 점수(점)

84 76 92 88 80

상우네 모둠 수학 점수(점)

72 100 84 ☐

( )점

[7~9] 일이 일어날 가능성을 보기 에서 찾아 기호를 쓰세요.

보기

ㄱ 확실하다   ㄴ ~일 것 같다   ㄷ 반반이다
ㄹ ~아닐 것 같다   ㅁ 불가능하다

7 주사위를 한 번 굴릴 때 4의 배수가 나올 것입니다.

(   )

8 오른쪽과 같은 회전판을 돌렸을 때 화살표가 파란색에 멈출 것입니다.

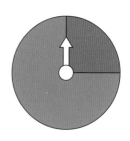

(   )

9 오른쪽과 같은 주머니에서 바둑돌 한 개를 꺼냈을 때 흰색 돌이 나올 것입니다.

(   )

10 조건에 알맞은 회전판이 되도록 빨간색, 파란색, 노란색을 이용하여 색칠해 보세요.

> **조건**
> * 화살표가 파란색에 멈출 가능성은 불가능합니다.
> * 화살표가 노란색에 멈출 가능성은 빨간색에 멈출 가능성의 2배입니다.

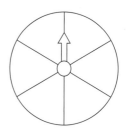

[11~12] 주머니에 들어 있는 4장의 숫자 카드 중 1장을 꺼냈습니다. 물음에 답하세요.

| 2 | 3 | 4 | 5 |

11 꺼낸 숫자 카드가 홀수일 가능성을 말과 수로 표현해 보세요.

말 _____ , 수 _____

12 꺼낸 숫자 카드에 적힌 수가 홀수일 가능성과 화살표가 빨간색에 멈출 가능성이 같도록 회전판을 색칠해 보세요.

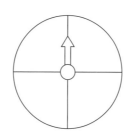

성취도 테스트 결과표

4과정 평균과 가능성

번호	평가 요소	평가 내용	결과(O, X)	관련 내용
1	평균 구하기	자료를 보고 평균을 구할 수 있는지 확인해 보는 문제입니다.		7a
2	평균을 이용하여 문제 해결하기	주어진 자료 중 모르는 값이 있을 때 알려진 평균을 이용하여 모르는 자료 값을 구해 보는 문제입니다.		17a
3	평균 구하기	자료가 더해지면서 평균이 높아지거나 낮아지는 경우의 더해질 자료의 값을 추론해 보는 문제입니다.		11a
4	평균을 이용하여 문제 해결하기	두 자료의 평균이 같음을 이용하기 위해 자료 값이 모두 주어진 자료의 평균을 구해 보는 문제입니다.		19a
5		위에서 구한 평균을 이용하여 자료의 모르는 값을 구해 보는 문제입니다.		19a
6		두 자료의 평균이 같음을 이용하여 자료의 모르는 값을 구해 보는 문제입니다.		20a
7	일이 일어날 가능성을 말로 표현하기	일이 일어날 가능성이 '~아닐 것 같다'인 경우를 확인해 보는 문제입니다.		22a
8		일이 일어날 가능성이 '~일 것 같다'인 경우를 확인해 보는 문제입니다.		22a
9		일이 일어날 가능성이 '확실하다'인 경우를 확인해 보는 문제입니다.		21a
10	일이 일어날 가능성을 비교하기	조건에 알맞게 회전판을 색칠해서 일이 일어날 가능성을 표현할 수 있는지 확인해 보는 문제입니다.		32a
11	일이 일어날 가능성을 수로 표현하기	일이 일어날 가능성을 말과 수로 표현할 수 있는지 확인해 보는 문제입니다.		36a
12	일이 일어날 가능성을 비교하기	일이 일어날 가능성을 말과 수로 표현한 것을 보고 거기에 알맞게 회전판을 색칠해서 나타낼 수 있는지 확인해 보는 문제입니다.		32a

평가
기준

평가	□ A등급(매우 잘함)	□ B등급(잘함)	□ C등급(보통)	□ D등급(부족함)
오답 수	0~1	2	3	4~

• A, B등급 : 다음 교재를 시작하세요.
• C등급 : 틀린 부분을 다시 한번 더 공부한 후, 다음 교재를 시작하세요.
• D등급 : 본 교재를 다시 구입하여 복습한 후, 다음 교재를 시작하세요.

1ab

1 아니요　　　　2 아니요
3 예　　　　　　4 아니요
5 ⑩ 학생들이 가진 고리 수를 고르게 하여 고리 수를 똑같게 합니다.
6 3

〈풀이〉

1 학생 수가 23명, 24명……인 반도 있으므로 한 학급당 학생 수가 가장 많은 27명이라고 말할 수 없습니다.

2 학생 수가 26명, 27명……인 반도 있으므로 한 학급당 학생 수가 가장 적은 23명이라고 말할 수 없습니다.

4 학생들이 가진 고리 수가 다르므로 공정한 경기가 될 수 없습니다.

2ab

1 40　　　　　　2 4
3 3　　　　　　4 3

〈풀이〉

2 40개의 구슬을 10개의 주머니에 고르게 담으려면 한 주머니에 40÷10=4(개)씩 넣으면 됩니다.

3 전체 점수는 1+0+5+4+5=15(점)이고 점수를 고르게 하여 한 회당 점수를 정하면 15÷5=3(점)입니다.

3ab

1 4, 5　　　2 16　　　3 15
4 4, 3　　　5 28, 30　　6 7, 6
7 민형

〈풀이〉

4 민형이네 모둠: 16÷4=4(개)
　은진이네 모둠: 15÷5=3(개)

4ab

1 6
2 ⑩

경훈　　우재　　강후　　도경

3 3

5ab

1 풀이 참조, 7　　　2 풀이 참조, 5
3 풀이 참조, 5

〈풀이〉

1 쓰러뜨린 전체 볼링 핀 수: 8+4+7+9=28(개)
쓰러뜨린 볼링 핀 수의 평균: 28÷4=7(개)

2 희주네 모둠이 건 전체 고리 수
: 4+6+7+3=20(개)
건 고리 수의 평균: 20÷4=5(개)

3 지경이네 모둠이 모은 전체 붙임딱지 수
: 8+4+5+6+2=25(개)
모은 붙임딱지 수의 평균: 25÷5=5(개)

6ab

1 ⑩ 4
2 ⑩

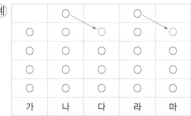

○	○	○	○	○
○	○	○	○	○
○	○	○	○	○
○	○	○	○	○
가	나	다	라	마

3 4

4 ⑩

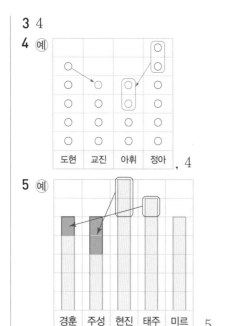

도현 교진 아휘 정아 , 4

5 ⑩

경훈 주성 현진 태주 미르 , 5

1 ⑩ 5

1회 2회 3회 4회 5회 , 5

2 2, 3, 7, 6, 7, 5, 25, 5, 5

3 ⑩ 16, 평균을 16초로 예상하고 (17, 15), (17, 15)를 각각 16이 되도록 자료의 값을 고르게 하여 구한 희민이의 100 m 달리기 기록의 평균은 16초입니다.
/ ⑩ (17+17+15+16+15)÷5=80÷5=16(초)입니다.

4 ⑩ 5, 평균을 5개로 예상하고 (3, 7), (8, 2), (6, 4)를 각각 5가 되도록 자료의 값을 고르게 하여 구한 쓰러뜨린 볼링 핀 수의 평균은 5개입니다.
/ ⑩ (3+8+2+6+7+4)÷6=30÷6=5(개)입니다.

1 26, 28, 25, 27, 26, 24, 156 / 156
2 156, 6, 26 / 26
3 14, 17, 16, 18, 15, 80 / 80, 5, 16
4 65, 72, 48, 33, 52, 270 / 270, 5, 54

1 174   2 6
3 32, 24, 18, 41, 36, 23, 6 / 174, 6, 29
4 7, 4, 11, 13, 20, 5 / 55, 5, 11
5 76, 84, 88, 96, 72, 88, 6 / 504, 6, 84

1 500   2 5   3 100
4 3   5 52

1 4   2 ⑩ 5

3 ⑩ 수정이가 월요일부터 목요일까지 마신 우유의 양의 평균은 245 mL이므로 금요일에는 245 mL보다 많은 246 mL를 마시면 됩니다.

4 ⑩ 태진, 민지, 진혁, 가민의 줄넘기 기록의 평균은 124번이므로 재희는 124번보다 많은 125번을 넘으면 됩니다.

〈풀이〉

2 5회까지의 턱걸이 기록의 평균이 4회까지의 평균보다 많으려면 5회째에는 4회까지의 평균 기록인 4개보다 더 많이 턱걸이를

해야 합니다. 따라서 5회째에는 4개보다 많은 5개, 6개, 7개…… 등이 답이 될 수 있습니다.

3 246 mL, 247 mL, 248 mL…… 등이 답이 될 수 있습니다.

4 125번, 126번, 127번…… 등이 답이 될 수 있습니다.

12ab

1 16   2 예 15
3 예 6월까지 영인이 몸무게의 평균은 33 kg이므로 7월에는 33 kg보다 적은 32 kg이 되어야 합니다.
4 예 4반까지 모은 콩 주머니 수의 평균은 68개이므로 5반에서 모은 콩 주머니 수는 68개보다 적은 67개였을 것입니다.

〈풀이〉

2 5회까지의 100 m 달리기 기록의 평균이 4회까지의 평균보다 빠르려면 5회째에는 4회까지의 평균 기록인 16초보다 더 빨리 뛰어야 합니다. 따라서 5회째에는 16초보다 빠른 15초, 14초, 13초…… 등이 답이 될 수 있습니다.

3 32 kg, 31 kg, 30 kg…… 등이 답이 될 수 있습니다.

4 67개, 66개, 65개…… 등이 답이 될 수 있습니다.

13ab

1 (위부터) 4, 5 / 64, 70
2 우철

〈풀이〉

2 두 모둠 친구 수가 다르기 때문에 기록의 총합이나 최고 기록만으로 어느 모둠이 더 잘했다고 말할 수 없습니다.

14ab

1 15   2 12
3 예 오래 매달리기는 오래 매달릴수록 잘한 것이므로 1인당 평균 기록이 높은 민성이네 모둠이 더 잘했다고 할 수 있습니다.
4 12, 13   5 진영

15ab

1 11, 12, 10   2 모둠 2
3 17, 20, 15, 19   4 모둠 2

16ab

1 85, 98, 86, 95, 94, 88
2 모둠 2
3 8, 9, 7, 10, 8 / 모둠 4
4 5, 4, 6, 3, 7, 5 / 모둠 5

17ab

1 25, 125   2 102
3 125, 102, 23   4 710
5 590   6 120

18ab

1 25   2 202
3 30   4 596

〈풀이〉

1 학생들의 전체 하루 운동 시간
  : 40×4=160(분)
  영현이의 하루 운동 시간
  : 160-(20+70+45)=25(분)

2 한 주간 만든 전체 빵의 수
: $200 \times 5 = 1000$(개)
수요일에 만든 빵의 수
: $1000 - (187+215+204+192) = 202$(개)

3 학생들이 모은 전체 붙임딱지 수
: $22 \times 6 = 132$(개)
민섭이가 모은 붙임딱지 수
: $132 - (19+25+27+14+17) = 30$(개)

4 한 주간 딴 전체 사과의 수
: $650 \times 5 = 3250$(개)
금요일에 딴 사과의 수
: $3250 - (770+684+593+607) = 596$(개)

19ab

1 4, 8, 6, 2, 4, 20, 4, 5	
2 5, 25	**3** 25, 7
4 2	**5** 13

〈풀이〉

4 선기네 모둠이 대출한 도서 수의 평균
: $(4+6+2+4) \div 4 = 16 \div 4 = 4$(권)
희민이네 모둠이 대출한 전체 도서의 수
: $4 \times 3 = 12$(권)
정현이가 대출한 도서의 수
: $12 - (7+3) = 2$(권)

5 하영이의 공 던지기 기록의 평균
: $(9+13+14) \div 3 = 36 \div 3 = 12$ (m)
미르의 공 던지기 기록의 총합
: $12 \times 4 = 48$ (m)
미르의 2회 공 던지기 기록
: $48 - (8+12+15) = 13$ (m)

20ab

1 6	**2** 24	**3** 4
4 80	**5** 140	

〈풀이〉

4 진형이네 모둠의 수학 점수의 평균
: $(96+84+76+92+72) \div 5$

$= 420 \div 5 = 84$(점)
선준이네 모둠의 수학 점수의 총점
: $84 \times 4 = 336$(점)
선준이네 모둠 마지막 학생의 수학 점수
: $336 - (76+88+92) = 80$(점)

5 지성이네 모둠의 키의 평균
: $(146+135+149+146) \div 4$
$= 576 \div 4 = 144$ (cm)
영진이네 모둠의 키의 총합
: $144 \times 5 = 720$ (cm)
영진이네 모둠 마지막 학생의 키
: $720 - (143+147+154+136) = 140$ (cm)

21ab

1 반반이다에 ○표
2 확실하다에 ○표
3 불가능하다에 ○표
4 불가능하다에 ○표
5 반반이다에 ○표

6~9

〈풀이〉

1 동전에는 그림 면, 숫자 면이 있으므로 동전을 던지면 그림 면이 나올 가능성은 '반반이다'입니다.

2 1월 1일 다음 날이 1월 2일일 가능성은 '확실하다'입니다.

3 2와 5를 곱하면 10이므로, 2와 5를 곱했을 때 8이 될 가능성은 '불가능하다'입니다.

4 주사위에는 0의 눈이 없기 때문에 주사위를 굴려 0의 눈이 나올 가능성은 '불가능하다'입니다.

5 태어난 송아지는 수컷 또는 암컷일 수 있으므로 수컷일 가능성은 '반반이다'입니다.

6 은행에서 뽑은 대기표에 적힌 숫자는 홀수 또는 짝수이므로 짝수일 가능성은 '반반이다'입니다.

7 해는 동쪽에서 뜨므로 내일 해가 서쪽에서 뜰 가능성은 '불가능하다'입니다.

8 당첨 제비만 4개 들어 있으므로 뽑은 제비가 당첨 제비일 가능성은 '확실하다'입니다.

9 올해 12살이면 내년에는 13살일 가능성은 '확실하다'입니다.

22ab

1 확실하다에 ○표
2 불가능하다에 ○표
3 ~아닐 것 같다에 ○표
4 ~일 것 같다에 ○표
5 반반이다에 ○표
6~9

〈풀이〉

1 2+3=5이므로 계산기에 ' 2 + 3 = '을 눌렀을 때 5가 나올 가능성은 '확실하다'입니다.

2 오늘이 화요일이면 내일은 수요일이므로 내일이 목요일일 가능성은 '불가능하다'입니다.

3 주사위의 눈 6가지 중 5의 눈이 나오는 경우 1가지, 5의 눈이 아닌 경우 5가지이므로 주사위를 한 번 굴릴 때 5의 눈이 나올 가능성은 '~아닐 것 같다'입니다.

4 흰 구슬 3개, 검은 구슬 1개로 흰 구슬이 더 많이 들어 있으므로 구슬 1개를 꺼낼 때 흰 구슬이 나올 가능성은 '~일 것 같다'입니다.

---

5 ○, × 문제는 답이 ○ 아니면 ×이므로 무심코 답했을 때 정답일 가능성은 '반반이다'입니다.

6 코끼리는 나뭇잎보다 무거우므로 코끼리가 나뭇잎보다 가벼울 가능성은 '불가능하다'입니다.

7 사물함 번호는 짝수 또는 홀수이므로 형우의 사물함 번호가 짝수일 가능성은 '반반이다'입니다.

8 생일은 365일(혹은 366일) 중 하루이므로 사람이 400명이면 생일이 같은 사람이 반드시 있습니다. 따라서 400명 중에 서로 생일이 같은 사람이 있을 가능성은 '확실하다'입니다.

9 주사위의 눈 6가지 중 2보다 작은 수의 눈은 1의 한 가지이므로 주사위를 한 번 굴려서 2보다 작은 수의 눈이 나올 가능성은 '~아닐 것 같다'입니다.

23ab

1 예 파란색 구슬만 1개가 있었으니 파란색이 확실해.

2 예 우리나라의 12월은 한겨울이라 평균 기온이 30℃가 넘을 가능성은 불가능해.

3 예 1, 3은 홀수이고 2, 4는 짝수니까 구슬 한 개를 꺼냈을 때 홀수일 가능성은 반반이야.

4 예 오후 3시에서 1시간 후면 오후 4시니까 오후 5시일 가능성은 불가능이야.

5 예 청팀 아니면 백팀이니까 우리 반이 청팀일 가능성은 반반이야.

6 예 주사위의 눈 1, 2, 3, 4, 5, 6은 모두 6 이하의 수이므로 주사위를 한 번 굴릴 때 6 이하의 수가 나올 가능성은 확실하지.

24ab

1 예 동전을 던지면 그림 면이나 숫자 면이 나올 수 있는데 3번 다 그림 면이 나오는 것은 아닐 것 같아.

2 예 딸기 맛 사탕 밖에 없는데 포도 맛 사탕을 꺼내는 건 불가능하지.

3 예 날씨가 추우면 반팔보다는 긴팔을 더 많이 입을 것 같아.

4 예 주사위는 1부터 6까지 6개의 눈이 있어서 꼭 4가 나오는 건 아닐 것 같아.

5 예 숫자 면 아니면 그림 면 둘 중 하나니까 반반일 것 같아.

6 예 5학년 다음에 6학년이 되는 건 확실하지.

25ab

1 ㉢　　　**2** ㉡　　　**3** ㉠

4 예 11월 다음에는 12월이 올 것입니다.

5 예 은행에서 뽑은 대기 번호표의 번호가 홀수일 것입니다.

6 예 검은 바둑돌만 담긴 통에서 바둑돌 한 개를 꺼냈을 때 꺼낸 바둑돌이 흰색일 것입니다.

26ab

1 ㉡　　　　　　　**2** ㉣

3 ㉠

4 예 6장의 그림 카드 ♡♥♡♥♡♡ 중 1장을 뽑았을 때 ♡가 나올 것입니다.

5 예 주사위 한 개를 굴리면 4의 약수가 나올 것입니다.

6 예 1부터 10까지의 수 카드 중에서 1장을 뽑을 때 3의 배수가 나올 것입니다.

〈풀이〉

1 ㉡ 동전을 던지면 그림 면, 숫자 면이 나올 수가 있는데 동전 3개를 던졌을 때 모두 그림 면만 나올 가능성은 '~아닐 것 같다'입니다.

2 ㉣ 주사위의 눈 6가지 중 2 이상의 눈은 2, 3, 4, 5, 6의 5가지이므로 주사위를 굴렸을 때 2 이상의 눈이 나올 가능성은 '~일 것 같다'입니다.

3 ㉠ 밤과 낮의 길이가 같은 춘분, 추분을 기준으로 춘분~추분까지는 낮이 밤보다 길고, 추분~춘분까지는 밤이 낮보다 깁니다. 따라서 추분~춘분 사이의 계절인 겨울에 밤이 낮보다 길 가능성은 '확실하다'입니다.

27ab

1 불가능하다: 희주, 혜진 / 반반이다: 다현, 시은 / 확실하다: 수현, 민형, 우빈

2 현수

3 예 1000원짜리 지폐 4장 중 하나를 뽑으면 1000원짜리가 나올 거야.

4 은성, 희성

〈풀이〉

1 • 수현: 해는 항상 동쪽에서 뜨므로 내일 해가 동쪽에서 뜰 가능성은 '확실하다'입니다.

• 민형: 5+3=8이므로 계산기에 5 + 3 = 을 눌렀을 때 8이 뜰 가능성은 '확실하다'입니다.

• 희주: 12월은 31일까지 있으므로 올해 12월이 32일까지 있을 가능성은 '불가능하다'입니다.

• 우빈: 다섯 장의 카드 ♥♥♥♥♥ 중에서 1장을 뽑으면 ♥가 나올 가능성은 '확실하다'입니다.

• 다현: 주사위의 눈 6가지 중 2의 배수는 2, 4, 6의 3가지이므로 주사위를 한 번 굴

렸을 때 2의 배수가 나올 가능성은 '반반이다'입니다.
· 시은: 흰 바둑돌 1개, 검은 바둑돌 1개가 들어 있는 상자에서 바둑돌 1개를 꺼내면 흰 돌 또는 검은 돌이므로 검은 바둑돌이 나올 가능성은 '반반이다'입니다.
· 혜진: 3월 다음에 4월이 오므로 내년에 3월보다 4월이 빨리 올 가능성은 '불가능하다'입니다.
2~4 · 은성: 버스와 택시 중 버스가 먼저 올 가능성은 '반반이다'입니다.
· 현수: 1000원짜리 지폐만 4장이 있으므로 한 장을 뽑았을 때 5000원짜리가 나올 가능성은 '불가능하다'입니다.
· 희성: 전학 오는 친구는 남학생 아니면 여학생이므로 여학생일 가능성은 '반반이다'입니다.
· 수현: 여름에는 날씨가 덥기 때문에 사람들이 반팔을 입을 가능성은 '~일 것 같다'입니다.
· 강훈: 생일은 365일(혹은 366일) 중 하루이므로 사람이 367명이면 생일이 같은 사람이 반드시 있습니다. 따라서 367명 중에 서로 생일이 같은 사람이 있을 가능성은 '확실하다'입니다.

28ab

1 불가능하다: 민형 / ~아닐 것 같다: 수현, 시은 / 반반이다: 다현 / ~일 것 같다: 우빈, 혜진 / 확실하다: 희주
2 수현
3 예 올 여름에는 눈이 안 올 거야.
4 현수, 강훈, 희성, 은성, 수현

〈풀이〉

1 · 수현: 7명의 이름 중 1명의 이름을 뽑을 가능성은 '~아닐 것 같다'입니다.

· 민형: 흰 바둑돌만 들어 있는 상자에서 검은 바둑돌을 꺼낼 가능성은 '불가능하다'입니다.
· 희주: 5월 다음에 6월이 오므로 내년에 5월이 6월보다 빨리 올 가능성은 '확실하다'입니다.
· 우빈: 6의 약수는 1, 2, 3, 6의 4가지이므로 주사위를 한 개 굴렸을 때 6의 약수가 나올 가능성은 '~일 것 같다'입니다.
· 다현: 주머니 안에 보라색 공과 흰색 공이 반반씩 있으므로 공 1개를 꺼낼 때 보라색 공이 나올 가능성은 '반반이다'입니다.
· 시은: 상대는 가위, 바위, 보 3가지 중 하나를 낼 수 있으므로 상대가 가위를 낼 가능성은 '~아닐 것 같다'입니다.
· 혜진: 10보다 작은 수는 1부터 9까지의 9가지이므로 숫자 카드 1장을 뽑았을 때 10보다 작은 수가 나올 가능성은 '~일 것 같다'입니다.
2~4 · 은성: 주사위를 굴려서 나올 수 있는 5의 배수는 5밖에 없으므로 주사위를 한 번 굴려서 5의 배수가 나올 가능성은 '~아닐 것 같다'입니다.
· 현수: 자두 맛 사탕만 5개가 있으므로 사탕 1개를 꺼냈을 때 자두 맛일 가능성은 '확실하다'입니다.
· 희성: 태어날 염소는 암컷 아니면 수컷이므로 태어날 염소가 암컷일 가능성은 '반반이다'입니다.
· 수현: 여름에 눈이 올 가능성은 '불가능하다'입니다.
· 강훈: 10개 중 1개기 불량품이므로 9개는 정상일 것입니다. 따라서 찬영이가 산 제품이 정상일 가능성은 '~일 것 같다'입니다.

29ab

1 가	2 나	3 가, 나, 다
4 ㉡	5 ㉢	6 ㉠

〈풀이〉

4 회전판 전체가 노란색이므로 회전판을 100회 돌리면 화살표는 100회 모두 노란색에 멈출 것입니다.

5 회전판의 반은 노란색, 반은 파란색이므로 회전판을 100회 돌렸을 때, 노란색과 파란색에 화살표가 멈추는 횟수는 반반 정도일 것입니다.

6 회전판 전체가 파란색이므로 회전판을 100회 돌리면 화살표는 100회 모두 파란색에 멈출 것입니다.

30ab

1 영인   **2** 예린
3 경훈, 우재, 현진, 예린, 영인
4 ㉡   **5** ㉠   **6** ㉢

〈풀이〉

4 노란색이 빨간색의 약 3배인 것을 찾으면 ㉡입니다.

5 빨간색이 노란색의 3배인 것을 찾으면 ㉠입니다.

6 노란색과 빨간색이 약 반반인 것을 찾으면 ㉢입니다.

31ab

1 가   **2** 나   **3** 다, 나, 가
4 ㉡   **5** ㉠   **6** ㉣
7 ㉢

〈풀이〉

4 전체 120회 중 파란색이 반인 60회, 노란색과 빨간색이 파란색의 반인 30회, 30회에 가까운 것을 찾으면 ㉡입니다.

5 노란색이 전체 120회의 $\frac{3}{4}$인 90회, 파란색과 빨간색이 각각 그 나머지 30회의 반반인 15회, 15회인 것을 찾으면 ㉠입니다.

6 노란색, 파란색, 빨간색이 각각 120회의 $\frac{1}{3}$인 40회, 40회, 40회에 가까운 것을 찾으면 ㉣입니다.

7 빨간색이 120회의 반인 60회, 노란색과 파란색이 각각 그 나머지 60회의 반반인 30회, 30회에 가까운 것을 찾으면 ㉢입니다.

32ab

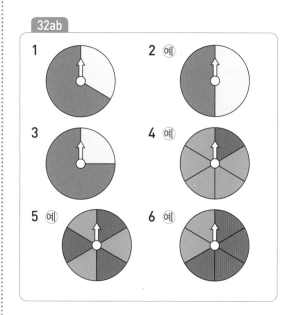

33ab

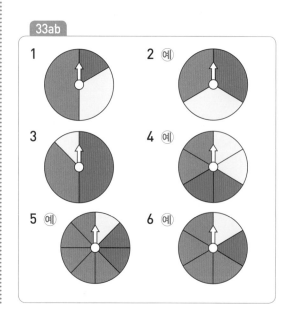

34ab

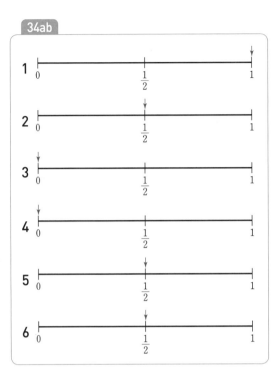

35ab

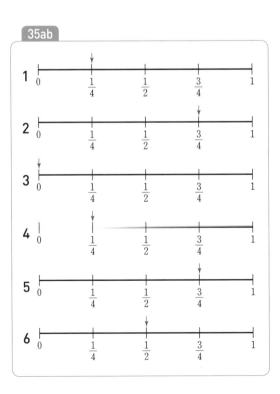

36ab

1 반반이다

2

3 $\frac{1}{2}$　　　**4** ~아닐 것 같다.

5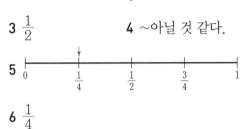

6 $\frac{1}{4}$

37ab

1 ㉠	**2** ㉡	**3** ㉢
4 ㉡	**5** ㉠	**6** ㉣

〈풀이〉

1 '불가능하다'를 수로 나타내면 0입니다.

2 '반반이다'를 수로 나타내면 $\frac{1}{2}$입니다.

3 6 이하의 수는 1, 2, 3, 4, 5, 6이므로 주사위를 한 번 굴려서 6 이하의 수가 나올 가능성은 '확실하다'이고 이것을 수로 나타내면 1입니다.

4 화살표가 속초에 멈출 가능성을 수로 나타내면 4곳 중 1곳이므로 $\frac{1}{4}$입니다.

5 '불가능하다'를 수로 나타내면 0입니다.

6 4개 중 3개이므로 이것을 수로 나타내면 $\frac{3}{4}$입니다.

38ab

1 ㉠	**2** ㉡
3 ㉣	**4** ㉠

〈풀이〉

1 각각의 일이 일어날 가능성을 수로 나타내면 ㉠ 0, ㉡ 1, ㉢ $\frac{1}{2}$입니다.

2 각각의 일이 일어날 가능성을 수로 나타내면 ㉠ 1, ㉡ $\frac{1}{2}$, ㉢ 0입니다.

3 각각의 일이 일어날 가능성을 수로 나타내면 ㉠ $\frac{3}{4}$, ㉡ 0, ㉢ 1, ㉣ $\frac{1}{4}$입니다.

4 각각의 일이 일어날 가능성을 수로 나타내면 ㉠ $\frac{3}{4}$, ㉡ $\frac{1}{2}$, ㉢ 1, ㉣ 0입니다.

39ab

1

2

40ab

1 불가능하다, 0   **2** 확실하다, 1

3 ~일 것 같다, $\frac{3}{4}$

4 ~아닐 것 같다, $\frac{1}{4}$

5 반반이다, $\frac{1}{2}$

〈풀이〉

4 8장 중 2장이 ◉이므로 한 장을 뽑았을 때 ◉일 가능성을 말로 나타내면 '~아닐 것 같다.'이고, 이것을 수로 나타내면 $\frac{2}{8} = \frac{1}{4}$입니다.

성취도 테스트

1 79   **2** 40

3 예 6   **4** 6

5 7   **6** 80

7 ㉣   **8** ㉡

9 ㉠   **10** 예

11 반반이다, $\frac{1}{2}$ **12** 예

〈풀이〉

3 현재 4명의 턱걸이 평균은 (7+4+3+6)÷4=5(개)이고, 전학생의 기록은 4명의 턱걸이 평균보다 많아야 하므로 6개, 7개, 8개…… 등이 답이 될 수 있습니다.

6 현준이네 모둠 수학 점수의 평균
: (84+76+92+88+80)÷5=84(점)
상우네 모둠 수학 점수의 총합
: 84×4=336(점)
상우네 모둠 마지막 학생의 점수
: 336−(72+100+84)=80(점)

7 주사위를 굴려 나올 수 있는 4의 배수는 4입니다. 주사위를 한 번 굴려 4가 나올 가능성은 '~아닐 것 같다'입니다.

10 파란색에 멈출 가능성이 '불가능하다'이므로 회전판에 파란색 부분은 없습니다. 노란색은 빨간색의 2배이므로 6칸 중 2칸은 빨간색, 4칸은 노란색으로 색칠합니다.

11 2, 3, 4, 5 중 홀수는 3, 5의 2가지이므로 꺼낸 숫자 카드가 홀수일 가능성은 '반반이다'이고 이것을 수로 나타내면 $\frac{1}{2}$입니다.